青少年心理成长学校

我有100个
朋友

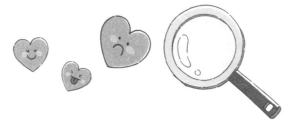

小熊故事 · 著

化学工业出版社

·北京·

内 容 简 介

您想了解如何与他人更好地沟通吗？想知道如何在交流中更自信、更有条理吗？《青少年心理成长学校　我有 100 个朋友》是一本漫画形式的童话故事书，带领小学生们一起探索沟通的方法。

故事围绕四个主人公的历险过程展开，他们在海边玩耍时不小心被卷入了漩涡，意外来到了神秘的海底龙宫。在这场奇妙的历险中，他们遇到了木讷的龙虾、欺负人的翼龙、狂妄的猴子……在数次的化险为夷中，他们学习到了如何向人问好、亲近他人、夸奖别人、提出建议、安慰对方、道歉与原谅、自信地说服别人、说话更有条理以及如何真诚地表达自己。

通过本书，孩子们不仅能够享受到阅读的乐趣，还能学到实用的沟通技巧，帮助他们在日常生活中更加自信地与他人交流。

素材提供：安尼卡菲特公司（AnyCraft-HUB Corp.）、北京可丽可咨询中心。
Parts of the contents of this book are provided by oldstairs.

图书在版编目（CIP）数据

我有 100 个朋友 / 小熊故事著． -- 北京 ： 化学工业
出版社 ， 2024. 10. --（青少年心理成长学校）．
ISBN 978-7-122-46194-0

Ⅰ．B84-49

中国国家版本馆 CIP 数据核字第 20242PL448 号

特约策划：东十二　　　　　　　　　文字编辑：李锦侠
责任编辑：丰　华　李　娜　　　　　内文排版：盟诺文化
责任校对：李雨函　　　　　　　　　封面设计：子鹏语衣

出版发行：化学工业出版社（北京市东城区青年湖南街13号　邮政编码100011）
印　　装：北京宝隆世纪印刷有限公司
710mm×1000mm　1/16　印张13¼　字数500千字　2025年1月北京第1版第1次印刷

购书咨询：010-64518888　　　　　售后服务：010-64518899
网　　址：http://www.cip.com.cn
凡购买本书，如有缺损质量问题，本社销售中心负责调换。

定　　价：49.80元

前言

"好话不出门，坏话传千里。"

"道儿上说闲话，路边有人听。"

"好言三冬暖，恶语六月寒。"

我们能听到很多有关说话的谚语，这是为什么呢？这是因为"说话"这件事，对我们的生活起着非常重要的作用。在我们要了解事物的时候、解决矛盾和问题的时候、表达我们的诉求的时候，说话都是非常必要的。一句话，可以让一段关系变得更加亲密，可以解决复杂的状况，也可以转换尴尬的氛围。

那么，"说话"和"沟通"又有什么不同呢？说话是表达想法的手段。不用管对方是否听懂了，是否理解了，说话是单方面就可以实现的。但是，沟通是从你有一言、我有一语开始的。需要倾听对方的话，并努力理解对方话语中的含义。所以，也可以说，真正的沟通是说话、倾听、理解的组合体。

不过，也不是说沟通得越多就越好，重要的是"如何"沟通。因为只有学会如何真诚地表达自己内心的想法，如何倾听对方的意见，才能获得健康的人际关系。

这套"青少年心理成长学校"系列是所有因沟通而烦恼的孩子的行为指南。通过妙趣横生的冒险故事，能够让孩子了解什么样的沟通是好的沟通，能够让他们明白如何收获对方的真心。轻松有趣的漫画，也能告诉孩子沟通的技巧，帮助他们交到更多的朋友。

健康的人际关系源自真诚的沟通。多多练习书中介绍的各种沟通技巧，会发现自己不知什么时候就在进行着"轻松有趣的沟通"。到那时，你应该已经和无数的好朋友握上手了吧。

那么，为了学会更好地沟通，我们现在就开始这段冒险吧！

目录

快乐沟通秘籍

第一章
去海边玩

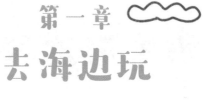

和朋友们来到了大海边！

注：小朋友，海边游玩一定要听大人的话，注意安全，千万不能去深海游泳哦！

这是冒冒失失的高丽娜，

呆瓜齐运灿，

得了王子病的钱在源……

哈哈哈……大家都跟我来！

他怎么了？

不知道欸……

嘻嘻哈哈

我们玩得好开心。

游了泳，

加了餐，

做了沙子城堡，

还玩了海草游戏。

看我随风
飘摇……

嘿嘿嘿

虽然妈妈在喊我们……

孩子们，吃午饭了！

让我们再游
一次泳吧！

我们进入大海，要游最后一次泳！

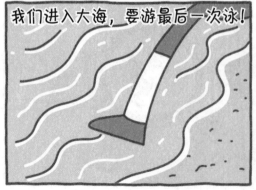

在干嘛？

4

这时，不知从哪里传来了奇怪的声音……

漩，漩涡……

出现了漩涡！

我们要逃出去！

啊！被吸进去了！

呜呜……

啊啊啊！

第二章
来到海底世界

哎呀……

这，这是哪里？

睁开眼睛发现来到了海底世界。

从嘴巴里吐出了泡泡，

还可以呼吸!

在水里竟然可以呼吸!

欢迎大家成为海底世界鱼家族的成员。

鱼？

仔细一看，大家的屁股后面都有鱼的尾巴！

齐运灿吓得昏了过去……

求求你把我们送回人类世界吧！

丽娜向海马苦苦地哀求起来。

那是绝对不可以的！

不过……

9

你们要是能见到龙王，说不定他会帮你们实现心愿。

当然，龙宫被无数道城墙包围着，

几百年来没有人能到达那里……

说完海马就笑着离开了，

只剩下了我们。

第三章
赢得小鱼的心

我们带着昏倒的齐运灿，

开始游了起来。

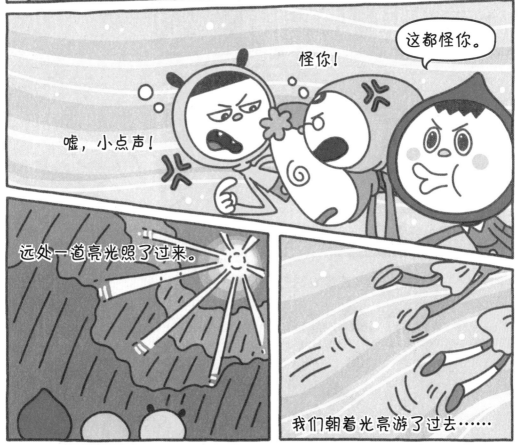

嘘，小点声！

怪你！

这都怪你。

远处一道亮光照了过来。

我们朝着光亮游了过去……

发现一条粉红色的鱼。

天呐，这应该是大门守卫！

打开那道门就可以了吧？

这时齐运灿突然醒了过来……

需要开门吗？

让我来试试！

他不管三七二十一朝着鱼儿守卫游了过去！

啊啊！

听到齐运灿的话，鱼儿守卫发起火来。

13

可是鱼儿守卫理都不理。

这时，在一旁看着这一切的丽娜，

慢慢地靠近鱼儿守卫，这样说道。

那个，妮娜。

你是谁？

你好，妮娜，见到你很高兴。

我是从人类世界来到这里的高丽娜，叫我丽娜就好。

丽娜？

对。我们在大海里玩的时候，被一个漩涡带到了这里。

就这样，我们也长出尾巴来了。

你看，和你一样，也是粉红色的呢！

鱼儿守卫和丽娜开始聊起了天。

啊哈，还真的是。这颜色可不常见呢！

是吗？怪不得没怎么见到粉红色的呢。

不过你的好像还有点紫色！

高丽娜，好厉害啊……

怎么做到的？

鱼儿守卫看起来很开心。

15

对了，你是怎么知道我的名字的？

听到鱼儿守卫的问题，丽娜有模有样地笑着说道。

哎呀，感觉你就叫这个名字呢！

我……其实，上次被叫名字已经是100年前的事情了。

大家都叫我看门的、小鱼、喂、我说……都这样叫我。

你叫我名字的时候我差点哭了。你不知道叫我的名字，会让我感到有多亲切。

鱼儿守卫偷偷地抹了抹眼泪。

妮娜……

你说你是从人类世界来的，对吧？

!!

快进去，去龙宫找龙王，让他送你们回家。

鱼儿守卫为丽娜打开了大门。

时间久了，大家真的会变成鱼的，快点去找龙王！

所有人一起走进了那扇门。

妮娜，真的谢谢你！

咳，虚惊一场……

高丽娜，你好厉害啊！你是怎么知道那个守卫的名字的？

大门守卫
妮娜

哈哈！这都是智慧丽娜的功劳啦。

想做朋友？那就喊出名字来！

叫名字这件事有着巨大的魔力。

英国纽卡斯尔大学研究团队的研究显示，

给奶牛起个名字并每天叫它，牛奶的产量会比其他奶牛多约3.5%。

研究团队表示，这是因为奶牛认为自己受到了特殊的关心和照顾，获得了幸福感。

特殊的关心和照顾！这就是名字带来的魔力。

在称呼我的时候，叫我"妮娜"，而不是"同学""那个人""喂"，代表着对方能够记住我这个人的存在。

我的名字就像是闪闪发光的宝石，是这个世界上独一无二的。

所以，不要忘记别人的名字，或者叫错别人的名字哦！

以后，要是有些话很难直接和朋友开口，试试先说出对方的名字吧！

从共同点开始聊起吧！

和一个人变得亲近的最快的方法，就是找出和对方的共同点。

不是只有我知道的，也不是只有对方知道的，

而是"我们都有"的事物，

会让两个人的关系变得更加特别和牢固。

在聊共同点的时候可以说："真的假的？我也是！"

用这种表达感同身受和喜悦的语气会更好哦！

聊得更加仔细深入也是不错的方法。

当然，如果很难找到共同点也不要气馁哦。

聊聊天气、作业、老师等，

用大家都了解的话题，

也可以给沟通起个好头！

我喜欢温暖的朋友！

第四章
和木讷的龙虾做朋友

哇！这又是哪里啊？

我们沿着城墙开始前行。

突然，发现了第二个守卫。

天呐，是龙虾欸！

龙虾应该很好吃吧……

别瞎扯了！先商量一下怎么和龙虾守卫开口吧。

嗯，见到你很高兴。

这也太木讷了吧！

怎么办？该说些什么？

这时，丽娜、运灿和在源出场了。

你好！

我们是泰翰的朋友。

见到你真的很高兴，请多多关照。

嗯，多多关照。

就在大家面对木讷的龙虾不知所措的时候，

从远处游来一条鲶鱼。

我说，今天的饭是炒海带，吃完要继续认真工作哦！

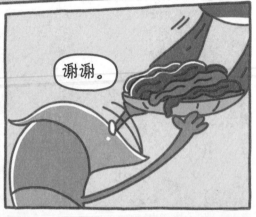

谢谢。

龙虾守卫面无表情地开始吃起海带来。

不能再这样下去了，还是要说些什么！

自己一个人吃很开心吗？

不……不是的。我是想说，你真的很安静呢。

那就直接说你很安静就好了啊！

龙虾守卫把海带扔到了一边。

咳……

虽然很抱歉，但我想一个人待着，请你们离开。

那……我们能从那里进去吗？

我并不想给你们开门。

24

看起来龙虾守卫生了很大的气。

那个……真的非常抱歉。

我们只是想和您聊两句，但好像说了失礼的话。

我们先去找找其他的入口吧。

虽然见面的时间很短，但我们很开心。

再见！

25

我们和龙虾守卫道别后转身正要离开。

就在这时……

那是什么？

是成群的食人鱼！

食……食人鱼！

啊啊，救命啊！

你们刚才都对我很客气地问好了。

嘿嘿，谢谢。

我也要谢谢您，是您救了我们。

在源鞠了个躬，龙虾守卫也笑了。

刚才的不愉快我也不会放在心上的。

虽然话不多，但内心很温暖呢。

不过，对接下来的守卫一定要小心。

可能会遇到更大的困难哦！

龙虾守卫打开了城门。

开了！

哇……

谢谢您，龙虾守卫！

龙虾守卫冲我们挥了挥手。

一路平安。

快乐沟通秘籍

一句问好值千金！

我们会说话是非常重要的。

说话既然如此重要，那么最容易说的话都有什么呢？

最简单的就是问好。你好、谢谢、祝你度过开心的一天……

虽然只是一些简单的话，

但这些话会让对方变得开心。

当然，向别人问好后，我们自己的心情也会变好。

对刚见面的人，对公交车司机，对超市收银员，抑或是对还不熟悉的朋友，不要因为不熟悉而保持沉默，要不要试试微笑着先问声好？

大家都会喜欢这颗温暖的心，也会把这份幸福传递出去。

热情和冷酷只有一墙之隔！

大家来回想一下自己的语气吧！

同样的想法也会有不一样的表达。

有没有人说过，和你聊天让人心情变得不好？

如果有，那么你的语言可能存在一些问题。来，让我们看看这两个人的对话。

对不起踩到你的脚了。/哎呀，就这样吧。/这可怎么办……/不是说没事了吗？

对不起踩到你的脚了。/没关系，没事的！/这可怎么办……/真的没事！嘻嘻。

虽然两个人都回答了"没事"，

但因为语气不同，会给人截然不同的感受。

语言就像一面镜子，能够反映一个人的性格和生活的过往。

同样的话，我们也要说得更亲切一些。

因为这些话也会成为我们温暖人生的一部分。

第五章
见到孤独的乌龟爷爷

就这样，我们来到了第三层空间……

哇！

天啊！
你们看！

开始长出鱼鳞了！

要是真的变成鱼了可怎么办……

我想回家……

是谁……在那儿？

啊！

我……我们……

我们是被漩涡带到这里的……

要……要去见龙王……

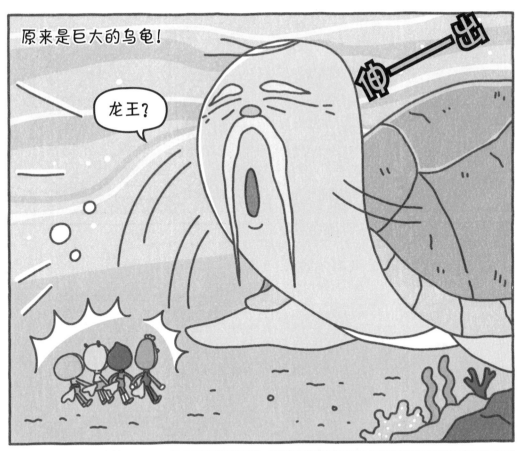

真的吗？就是在这里出生的吗？

不是。我出生在离这里很远的一个洞穴里。

我到这里来寻找食物，偶然发现了我漂亮的爱人……

结婚后就一直生活在这里了。

哇！那应该也举行婚礼了吧？

是啊，那是当然的。

那是非常梦幻的婚礼。许多鱼虾都来了，还在漂亮的海草丛中开了派对。

想想就很幸福呢。

可是，您的爱人现在在哪里呢？

我的爱人……

现在病倒了。

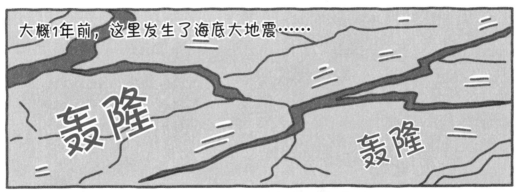

大概1年前，这里发生了海底大地震……

我和爱人昏了过去。

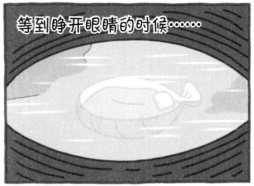

等到睁开眼睛的时候……

来……来来！

亲爱的……来来不见了！

我们的女儿……和漩涡一起消失了。

怎么会这样……

听完乌龟爷爷的故事，我们也伤心起来。

那您一定很难过吧。

就在这时……

不用太担心了，爷爷。

既然是被漩涡卷走的，

是这样转转转着飞走的吗？

你说什么？

你刚才在说什么！

我失去了我心爱的女儿，你在这说什么冷笑话！

看到爷爷生气了，运灿连忙解释。

开……开玩笑的！

玩笑？

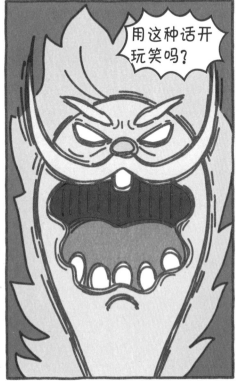

用这种话开玩笑吗？

是……是想缓和一下气氛啦！

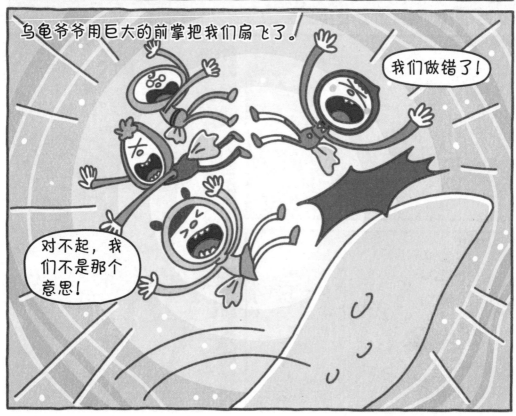

提问是开启沟通之门的钥匙！

大家好，来听听我这个老爷爷的话吧。如果想和一个人进行沟通，不要只聊自己的事情，试试问对方一个问题。

从"吃饭了吗"开始，到"你都有什么兴趣""你喜欢小狗吗"，等等。

提问是开启新的对话的钥匙。

就像抛出皮球一样，提出一个问题，有来有回，对话就会自然而然地进行下去。

如果想和一个人变得亲近，可以问一些和那个人相关的问题。

随着一个个故事的展开，也会和对方走得越来越近。

要把握好开玩笑的尺度！

不过……若像刚才运灿那样，破坏对话的气氛，
并说出伤害对方的话，是不对的哦！
虽然是些开玩笑的话，但是也会给对方造成心理上的伤害。
幽默的人确实会受欢迎，
可是也不可以为了让大家笑而说出不该说的话。
特别是调侃别人的外貌，或是调侃对方自认为是弱点的部分，
这类玩笑是绝对不可以开的哦！
一定要记住我说的。
比起说一百句逗别人笑的话，
更重要的是不要说错话。

不要因为说话而得罪人哦！

第六章
小幽灵，不要哭

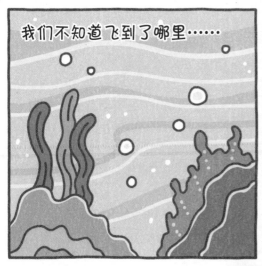

我们不知道飞到了哪里……

大家都累得不行了。

啊……
受不了了！

我要回家！
回家！

不然我就跳进水里！

我们已经在水里了……

丽娜一言不发，

运灿皱着眉头，

我在流泪。

这时，在源挡在了我们的面前。

停！

大家，等一下！

听我说一句。我们现在不是该伤心的时候。

周围暗得看不清楚，不过那个地方应该就是龙宫了。

看，看到那边的塔了吗？

大家都记得我们到现在为止已经通过的城墙吧？

城墙……没什么印象了……

想想他们的特点！

都很高。

然后……都是圆形的！

44

没错，圆形！就是这个。

第一个是圆的，第二个是圆的，第三个也是圆的……

也就是说，城墙都是圆形的！

在最中心的圆里，有着最重要的东西！

所以，龙王应该就在那座圆形的塔里。

也没有很远。我们不要放弃。

紧紧握住

45

鱼虾也很吓人……

后面还有好多城墙……

真的累了。

这样下去，要是真的变成一条这样的鱼该怎么办？

丽娜和运灿也哭了起来。

呜啊……

好害怕。

我理解你们，我现在也很害怕。

但是，先别顾着害怕，看看那边，是不是很漂亮？

哇……好漂亮！

真的欸。这样看真的好漂亮！

我们什么时候还能再来这种地方？

虽然也很想念家人，也很害怕，

但我们把这些都当成是在海底的愉快旅行吧！

多亏了在源，我们的心情变好了。

大家向着塔的方向游了起来。

可是就在这时……

呜……
呜呜……

等一下！

呜呜……

我好像听到有人在哭。

我们去看看吧！

我们跟着哭声，看到了一艘巨大的船。

真的超级大……

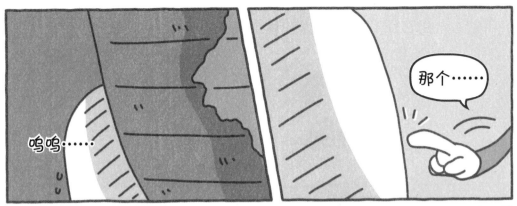

呜呜……

那个……

原来正在哭的是小幽灵!

啊呵啊!

你……你在哭什么啊?

哇啊啊……

小幽灵一直在用我们听不懂的话说着些什么。
饼饼啊！饭饭啊！饼饼啊！
它在说什么？
真的听不懂……
我们走吧。
指
等一下，别急！
我们再听听看。
饭饭啊！没有啊！饭饭啊！

我们开始从口袋里掏东西。

我这里有巧克力……

我有花生！

我有糖果！

我有小蛋糕！

小幽灵一把接过食物，吃了起来。

真好吃！

看它吃得多开心啊。

哈哈

哈哈

小幽灵把所有食物都吃掉了。

好，那我们该出发了吧？

起身

我们走了。

保重啊！

这时，小幽灵叫住了我们。

嘎！

嘎嘎嘎！

嗯？这是什么？

是……是钥匙！

懂得倾听别人的人是最棒的！

姐姐哥哥们，大家好！我是小幽灵。刚刚没有因为我让大家感到烦躁吧？

对不起啦。我有好多想说的话，但现在还不会说，我也很辛苦呢。

好在有运灿哥哥和丽娜姐姐愿意听我说话，真的很感谢他们。

我是想说，姐姐哥哥们身边应该也有像我一样讲不清自己想法的朋友吧？

可能是因为害羞，因为不合群，或者是因为像我一样幼小，因为身体不太舒服……

请大家一定要好好倾听这些人说的话哦。

当我遇到困难的时候，

要是有人愿意认真听我讲话，那么便没有比这更能让我开心的事情了。

虽然等待会让人着急烦躁，但是耐心等一等，用开放的心态试着听一听呢？

也许这个朋友会用更开放的心态来看待这个世界。

超越理性与感性的说服技巧！

对了，还记得刚刚在源哥哥说的话吗？

他说城墙都是圆形的，所以，龙王应该就在那座圆形的塔里。

他在给我们指明方向的同时，还让大家欣赏美丽的风景，感动了大家。

在说服别人时，这是个很好的方法。

在提出解决问题的方法时，

也要刺激内心深处的情感！

姐姐哥哥们在说服别人的时候也一定要记住这两点哦。

给出别人难以拒绝的选项的同时，

再加上一句润物细无声的话！

就会轻松俘获别人的心哦！

沟通会感动人心哦！

第七章
走进迷宫洞穴

我们的心情变好了，

就在我们用力游泳的时候……

有个岔路……

怎么办？

好像是这条路……

也好像是那条路。

就在这时……

戳 戳

嗯嗯!

是小幽灵!

你怎么找到这儿来了?

这边吗?

好,那我们出发吧!

我们每次走到岔路口的时候,小幽灵都会出现,并且会告诉我们方向。

好的!

嗯嗯!

好大的迷宫……

就这样，我们走到了一个死胡同！

啊，那是什么？

吓！

你······
你们是谁？

打扰了，我们正在找去往塔的路。

可这里是死路啊！

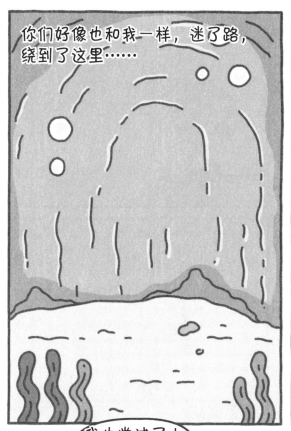

你们好像也和我一样，迷了路，绕到了这里……

这里是迷宫，哪有什么塔，连入口都没有。

我也尝试了上千次，但还是放弃了……

这时，小幽灵走上前来。

那那！

那那那！那那！

好像是说要往那边走？

啊?

跟我们来吧，这孩子看起来好像知道路！

小幽灵拉着小乌龟的手，游了好久，

来到了一扇门前。

嗯嗯嗯！

接着，丽娜拿出刚收到的钥匙，

啊，是那把钥匙！

开了门……

咔嗒

哇啊啊……

60

是刚才的那个城墙的里面！

从远处传来一个声音。

孩子，孩子！

女儿，我的女儿！

爸爸！

那……那是乌龟爷爷的女儿？

这也太巧了。

真好！

它们哭着拥抱在了一起。

没有受伤吧？

嗯，没有！

真的非常感谢，不知道该怎么感谢你们……

没有没有，这都是小幽灵的功劳……欸？

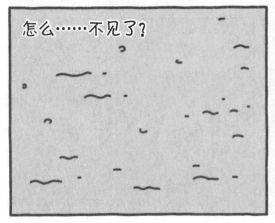

怎么……不见了？

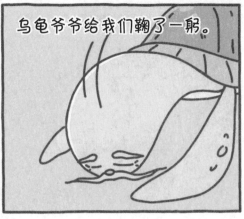

乌龟爷爷给我们鞠了一躬。

真的太感谢了，多亏了你们我才能找回我的女儿。

没有没有，刚刚是我们抱歉了。

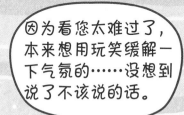

因为看您太难过了，本来想用玩笑缓解一下气氛的……没想到说了不该说的话。

都怪我们，让您伤心了吧？真的非常抱歉。

我们以后要是再遇到像爷爷一样伤心的人，一定会好好安慰人家，不会再开没礼貌的玩笑了。真的太抱歉了。

鞠躬

乌龟爷爷静静地看着我们，

然后把我们紧紧地抱在了怀里。

不用觉得太抱歉。

多亏了你们，我们家又找回了幸福啊！

你们是不是说过要去找龙王？我来给你们打开通往龙宫的门吧。

你们真心对我，那我也给你们一个小小的回报。那么，祝你们好运！

哇，谢谢您！

祝您幸福哦！

一定要记住道歉的五个步骤！

朋友们，你们好吗？刚刚我确实发了好大脾气……

好在泰翰和他的朋友们真心道了歉，现在心情好多了。

那么，让我们来看看道歉的时候一定要记住的五个步骤吧！

1. 承认自己的错误

不要一开始就说对不起，而是要先说自己做错了什么。

就像运灿说"本来想用玩笑缓解一下气氛，没想到说了不该说的话"，要仔细说明自己的过错，要告诉对方自己有在反省哦。

2. 告诉对方自己感同身受

告诉对方因为自己的过错，给对方带来了困扰和伤害，并表示自己也感同身受。

"让你伤心了吧？""不好受吧？"表达自己也感同身受，会让对方好受一些。

3. 明确说出道歉的话

明确说出"对不起"也非常重要哦。

不要觉得害羞，或者觉得道歉是伤自尊的事情。不能支支吾吾地说出来哦！

4. 提供解决办法

比起只说"来晚了对不起"，说"以后不会再迟到了"或者"以后每天会早起十分钟的"，这样讲出解决办法是更好的选择。

这样一来，对方也会产生期待，会更容易接受你的歉意。

5. 倾听对方的回答

道歉的时候不要只顾着自己说，也要倾听对方的回答。

要明白对方是因为什么而伤心，以及现在的感受如何，要充分倾听对方的想法然后进行对话。

如果做了错事就要马上道歉，不要犹豫，真诚的沟通会让你们的关系更加坚固哦！

道歉，没什么可怕的。

第八章
龙王大人，拜托您了

走吧！

在这边！

我们努力游啊游，

终于来到了龙宫入口。

你们好，好久没有人来了。

石头竟然会说话！

轰隆隆

轰隆隆

来，请注意脚下。

我们在龙宫里走了好长好长的路。

走了又走。

叮 叮 叮

龙王大人，现在方便进去吗？有客人来了。

68

嗯，你们找我有什么事？说说吧。

这个……

我们和朋友来到了海边，被巨大的漩涡卷到了这里。

可能是过分的请求……

请您把我们送回家吧。

拜托您了，龙王大人！

我们想妈妈和爸爸了……

嗯……

让我想想。

然后龙王陷入了沉思，久久没有说话。

坐

下

我们还要等多久？

腿都酸了……

我决定试一试从书里看到的夸人的技巧。

夸奖百科

龙王大人，您的鞋是从哪里买的啊？

鞋？怎么了？

因为您的鞋太好看了，我也想买一双。

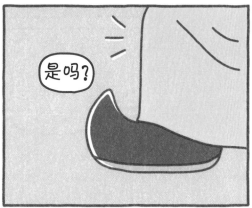

是吗？

洞穴前面有一家"鱼儿棒棒"鞋店，是在那里买的。

鱼儿棒棒

这个？这是真的胡子。

谢谢。那您的胡子是贴上去的吗？

71

哇，真的吗？这么整洁还以为是假的呢。

听到这些话龙王开心地笑了。

哈哈哈！真的吗？

那我谢谢你了，怪不好意思的。

我之前在漫画书上看到龙王的时候，还以为您很可怕。

没想到现实中的您让这大海都变得更加美丽了！

哈哈! 我都不好意思了!

你叫什么名字?

我叫陈泰翰。

陈 泰 翰

父母的愿望是我能成为懂事又有礼貌的好孩子!

懂事又有礼貌……果真是一个好的期许。

我先送你回家吧。

天呐,好羡慕!

哇! 谢谢!

我说，现在不是干呆着的时候，我们也要行动起来！

龙王大人！我也要！我也要！

龙王大人真的好帅啊。

超级时尚！

龙宫也很富丽堂皇！

英明神武，身材魁梧！声音也很好听！发型也是难得一见的帅！

嗯……

可是，龙王看起来好像并不是很开心。

你们叫什么名字？

看来是要送我们回家了！

我叫高丽娜，

我叫钱在源，

我叫齐运灿！

原来如此……

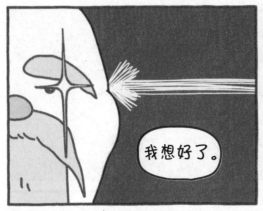

我想好了。

你们三个……

不能回家！

真……
真的假的？

为什么？

你们对我过于奉承，

胡乱夸奖我。

就算是再好听的话，如果不是出自真心，也会让对方不开心！

你真的好聪明啊！

什么？

怎么办……

我送你们去天上吧。

在那里再接受审判吧。

不行啊，龙王大人，求您了！

这都是你们自找的！别怪我哦。

夸奖会让鲸鱼跳舞!

你们有没有听过"夸奖会让鲸鱼跳舞"这句话?

意思是说这个世界上没有谁是不喜欢被夸奖的。

想一想,当你在烤红薯的时候不小心烤煳了,

有人会说:"看来你不会烤红薯啊,应该早点拿出来的。"

也有人会这样说:"哇!没想到你还会烤红薯,真的好厉害!虽然有点煳了,但看起来很好吃。"

仅凭一句话就能让对方开心。大家应该见过这样的人吧?

这样的人会让周围的人感到幸福,

会发现对方意料之外的长处,让对方敢于尝试新鲜事物。

只要对方没有犯原则上的错误,那么试着鼓励一下对方,而不是指责。

对方也会受到鼓舞,会变得越来越好。

过度的夸奖也会成为关系的毒药!

不过,过度的夸奖也会带来坏处。

例如为了抬举对方而阿谀奉承,并不是发自内心地夸奖对方。

说好听的话,会让两个人的距离变得更近,

可也不要贬低自己,或是说不真诚的话。

分辨这句话是否真心实意并不是一件难事。

所以,我们要说真心话。

不光是在夸奖别人的时候,在任何对话中都要如此哦。

让我听听真诚的夸奖!

第九章
来到天上

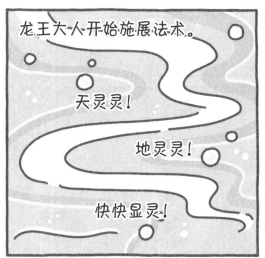

龙王大人开始施展法术。

天灵灵！

地灵灵！

快快显灵！

然后睁开眼睛……

到……到天上了？

说不定会变成鸟！

那还不如变成鱼呢。

不行……

这里应该也和龙宫一样，有通往人类世界的门。

没错，让我们找找！

可是，走着走着……

嗯？这是什么？

发——呆

没……
没听懂吗?

嗝——儿

怎么回事?

好像没听懂的
样子……

得想办法让
它们听明白
我们的话。

对,你来试试!

大……大家好。

我叫钱在源。

几天前，我们去海边玩的时候被卷进了漩涡里。睁开眼发现来到了海底世界。我们历经千辛万苦，通过了好多城门，终于见到了龙王大人。可是我们对他的夸奖并不真诚，所以没能回家，被送到了这里……所以，无论如何我们要找到回家的门，现在我们需要能到达对面的桥。想请问大家，能帮我们架个桥吗？

真棒！

这个解释真是太棒了。

打嗝

咕咕咕咕……

可是它们根本没听懂啊!

要么再简单一点?

我是说,我们从海底……海底世界来到了这里。咳咳……我们需要一种桥……没错,我们需要桥……

简……简单一点?

啊,让我来吧!

美丽的
鸽子们!

给我们搭个
桥吧!

我们要找到
回家的门。

可是,看那里,
云彩断掉了。

没有你们的帮忙,
我们就回不去了。
拜托了!

运灿话音刚落，鸽子们齐刷刷地飞了起来，

搭成了漂亮的桥。

哇，谢谢鸽子们！

咕咕

咕咕咕

快乐沟通秘籍

讲话要像拼图一样有条理！

大家好，我是天才小子，钱在源。我来告诉大家怎样才能像我一样能说会道。

首先，讲话要有条理。不过，应该有小朋友想问"什么是条理"。

简单来说，条理就是"符合逻辑"。

所以，我们讲话时要有一定的顺序，不可以七零八碎。

"我睡着了，所以我困了。""我困了，所以我睡着了。"

这两句话中哪句话更有条理，大家应该一眼就能看懂吧？

按照事情发生的顺序，或是起因和结果的顺序，

把要说的内容仔细清楚地讲出来，让对方容易理解，就是有条理的话。

讲话从要点开始！

不过，有些时候就像那群鸽子一样，就算我讲得再有条理，也有理解不了的人。这可能有很多原因，不过大概率是……是因为我们讲话讲得太多了，让人抓不住重点。

所以，在这种时候有一个小提示可以告诉大家！

那就是先说出我最想说的话。

"我小时候身体不好，还经常感冒。每次生病的时候奶奶都会给我煮柚子茶，不仅可以暖身子，味道还特别棒。所以我特别喜欢喝柚子茶。话说回来……要不要去喝一杯柚子茶？"虽然也可以这样说，但是也可以说"要不要去喝柚子茶？我真的很喜欢喝柚子茶。小时候感冒时，我特别喜欢喝奶奶给我煮的柚子茶"。

像这样，可以把最想说的内容放到最前面。

人们通常会更容易记住最开始的内容，

所以在表达自己的想法的时候，把重要的话最先说，这是非常好的方法。

讲得太多，对方很难记住重要的内容哦！

第十章
麻雀村庄生存记

大家终于来到了对面，原来是一片巨大的乌云。

谢谢你们送我们到这里！

咕咕

咕咕

看看这次还有谁在等着我们。

走吧！

这是宙斯吗？

明天在大会上讨论吧。

大会？

没错，我们不是说任何事情都要通过投票来决定吗？

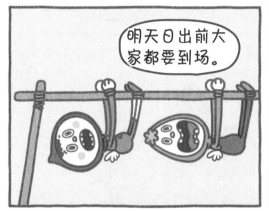

明天日出前大家都要到场。

麻雀们不满地离开了。

切

怎么办？

明天他们要开会对吧？

很好，那我们来练习一下！

练习？练习什么？

练习明天我们该怎么逃出去。

明天如果运气好的话，我们应该会有发言的机会。我们要把握这个机会逃出去！

人类们也讲两句吧……

在源倒挂着写好了稿子。

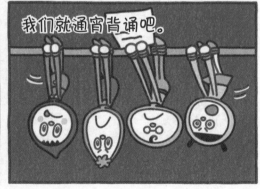

我们就通宵背诵吧。

就这样，到了第二天……

来！大家都来聚一聚！

麻雀村庄的大会就要开始了！

大会！　　　喳喳

大会！

好，那么现在就开始吧。

好，你来讲两句！

举手

我想发表一下如何处置人类的意见。

我认为……要把他们烤着吃！

嘻嘻嘻　　　嘻嘻嘻

麻雀们开始欢呼起来。

哇啊！　　哇啊！

嗯……没有其他意见了吗？

我认为要把他们从云朵上扔下去。

因为……这样很有趣！

麻雀们放声大笑了起来。

嘎嘎嘎……　　哈哈……

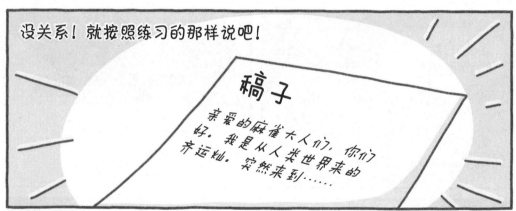

没关系！就按照练习的那样说吧！

稿子

亲爱的麻雀大人们，你们好。我是从人类世界来的齐运灿。突然来到……

亲爱的麻雀大人们，你们好。

我是从人类世界来的齐运灿。

突然来到这里，我知道大家会提防我们……

但我想请大家给我们一个机会。

大家能看到那边……那片天空下的土地吧？

那里有……

啊……忘，忘词了！

那里有我们亲爱的家人！

背下来！一定要背下来！

很好，想起来了！

那里有我们亲爱的家人！

就像麻雀大人们非常珍惜自己的家人一样，

我们的家人们也在等待着我们。

不要害怕，不要害怕！

想象我现在正在宽敞舒适的教室里！

站起来！

我说，麻雀朋友们！

看看你们现在这个样子。

争先恐后地要伤害别人，

不懂得原谅别人！

你们的祖先曾经说过"不论是谁，都不要用自己的翅膀伤害别人"，都忘了吗？

这样是不对的。

安——静

特别是你。

无视其他胆小的麻雀朋友的意见，

随随便便就要做决定！

麻雀们屏住了呼吸。

说话也需要计划和练习！

朋友们，大家好！听说过"闲时无计划，忙时多费力"吧？

相信大家都做过学习计划或假期计划，不过应该没有做过说话的计划吧。

计划并练习说话，这比想象中的还要重要哦！

如果要给对方讲重要的内容或是要发表演讲，

前一天就要写好并熟读需要说的内容。

可以把稿子背熟，也可以像话剧演员一样练习声音、手势和表情。

不管是什么内容，只要我们练熟，就能像运灿那样，哪怕因突然紧张而忘了词，也能马上想起来，完成这次讲话。

讲话时发挥想象力能有效缓解紧张！

不过有些时候，即使练习过了也会觉得在别人面前说话是件困难的事情，是吧？

特别是在很多人面前做重要的演讲的时候，额头会流出细密的汗珠，声音也会不知不觉地越来越小。

这种时候，可以试试发挥想象力，就像催眠自己一样！

虽然是在让人紧张的空间里，面对着的是陌生的人，但我们可以假装是在我们喜欢的地方，面对着的是我们喜欢的人。

那个人不是严肃的老师，而是亲切的爸爸，

没有认真倾听的人是我淘气的弟弟，

这里也不是陌生的教室，而是我最喜欢的房间。

当然，我们不会从一开始就能熟练地进行想象。

不过要记住，想象一些让你感到舒适的东西，确实会让你感到安心，也会帮助你找回更有自信的声音。

通过练习大家都可以成为沟通大王！

第十一章
翼龙帮我们指引方向

我们重新踏上了旅程。

嘿嘿嘿！

我果然是个天才！击退了麻雀！

我们兴奋地走啊走。

啊哈哈哈……

就在这时……

啊！

是大便！

是谁?

抬头看到……

是谁干的……啊?

是翼龙!

看那里!

我们只在书里或者电影里见过翼龙……

太神奇了!

可是……太吵了。

这可怎么办？
我们还要问路呢……

这么多人，不对，这么多翼龙，
要怎么和它们沟通呢？

就在这时，一只翼龙映入了眼帘。

嗯？

这只看起来
好安静！

吵闹
吵闹

让我去问
问看！

你知道通往人类世界的门吗？

那……
那个……

什么？我听不太清！

通往人类世界的门！

人参世界？这里没有人参呢！

不不，我们说的是人类世界！

我们想要回家！

没错！

啊！你们说那道门？

你去问问那只翼龙。

那……那边那只戴帽子的吗？

是，他有些不好相处，要小心哦。

好的，谢谢！

我们走到了那只戴帽子的翼龙面前，打了招呼。

你好！

那个……我想问一下你知不知道通往人类世界的门？

嗯？有什么事？

啊！

原来你们在辛辛苦苦找这个。我当然知道了。

哇，那可太棒了！

在哪里呢？

不过……

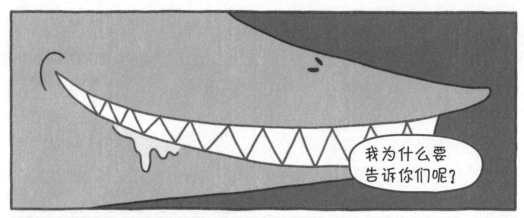

我为什么要告诉你们呢？

啊？

惊——呆

做100个前滚翻看看，做完我就告诉你们。

翼龙开始为难我们。

或者用屁股写名字看看！或者模仿猴子看看！

怎么办？

干脆我们走吧。这算什么事啊，真是的。

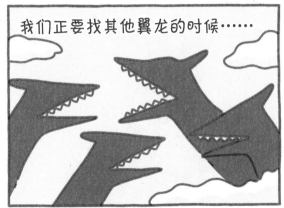

我们正要找其他翼龙的时候……

登场

自古以来……

翼龙就以谦和守礼而闻名。

哪里来的帽子？

哪里来的围巾？

你是谁？

呵呵，见到你很高兴。

我叫钱在源，我只是一个过客罢了……

115

刚刚看到你在为难这几个小朋友……

翼龙慌张了起来。

啊……哈哈，你看见了啊？

都看到了。我好像也知道了你是什么样的翼龙。

大家都说，通过看一只翼龙如何对待弱者，就能看出这是一只怎样的翼龙。

翼龙红了脸。

我其实没想欺负他们，只是看他们可爱……

原来如此。

我听说翼龙非常热情好客……

像您这样优秀的翼龙，应该更是如此吧？

当……当然了！没错！

你们去那个神殿就可以了。

那里面住着神，去那边问问看吧。

哇！谢谢你！

快乐沟通秘籍

在一群人中，先试着拿下一个人！

孩子们，有没有过在全是陌生人的地方，
因不知道该如何开口说话而感到尴尬的时候？
比如开学第一天，在全是陌生同学的教室里，
好像除了我以外其他人都在开心地聊着什么，
我因此感到不知所措。
我想大家都有过类似的经历。不过没有关系。
哪怕是在陌生的环境，哪怕周围全是陌生的人，
我们也不需要害怕，更不需要变得小心翼翼。
你不需要熟悉每一个人，和身边的人一起安静地聊聊天不也很好吗？
不要过于在意周围的环境，试着和旁边的人聊聊天。
这样和你聊过天的人会越来越多，
没一会儿就会认识很多朋友了。

说话时要有自信！

如何和没礼貌的人交流？

不论在哪儿，都有可能会遇到没礼貌的人。他们会说一些让人不悦的玩笑，也会莫名其妙地发火，还不遵守纪律。
如果这种人和你说了让你不开心的话，
最好能让他知道"你的行为是对我的不尊重"这个事实。
当我们说出"你说的话会伤害到我"或是"我不喜欢听这种话"时，
对方知道了自己的错误后，应该也不会再继续下去了。
还有，像在源那样，用一些好话哄骗对方也是个方法！
向对方说出温暖人心的话，那么对方也会觉得不好意思，不会继续做出没礼貌的行为。
重要的是，你不可以受到伤害！
为了更好地沟通，试试说出更加明确、更加大胆，以及更加温暖的话吧！

第十二章
我们要去神殿

我们朝着神殿走去。

比想象中的要好走一些。

就是这条路长得看不到头……

啊！什么时候才能到啊？

看，我的翅膀变长了！

像不像天使？

我看更像虫子吧！

嘻嘻嘻！

才不是！

突然想起了家人。

不过，我们的妈妈和爸爸怎么样了呢？

他们是不是现在还在海边呢？在焦急地寻找我们！

呜呜……

我们是不是已经……

也不用担心成这样吧。

这时运灿说道：

我们边走边玩词语接龙吧！

好啊，那我先来。磁铁！

铁道。

道路。

路灯。

灯笼！

笼……有什么呢？

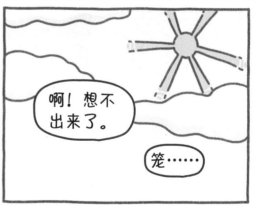

啊！想不出来了。

笼……

笼屉！

啊！你是谁啊？

应该失去意识躺在了沙滩上。

可是已经过了好几天了呢！

要是冻死了可怎么办？

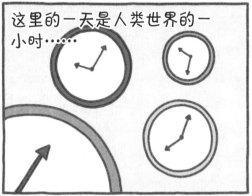

这里的一天是人类世界的一小时……

现在人类世界差不多应该是下午5点左右。

所以，要赶在天黑前找到回去的办法！

天使让我们坐在背上，

伸长

这样下去可不行，坐上来吧！

把我们送到了神殿。

我能够帮助你们的就只有这些了。

那么，祝你们好运！

真的太感谢了！

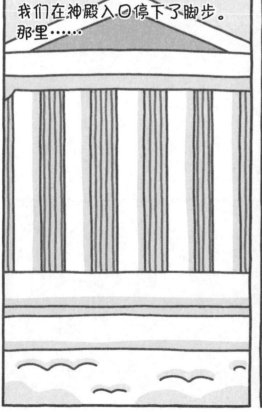

我们在神殿入口停下了脚步。那里……

有一棵超级大的大树！

嗯……

好像是一个好孩子，不过……

你们四个都是好孩子吗？

没错，我们都是。

大树抬起长长的树枝，给我们让了路。

好吧。

唰

谢啦！

疑心怎么这么重？

它的性格看着好像也不太好。

快乐沟通秘籍

说话要自信、正确！

喂，就是你！见到我这样可怕的树，也可以一字一句地讲话吗？

如果不可以，那么从今天开始练习自信讲话的方法吧。

对于人类来说，重要的不仅仅是性格、外貌、衣着和职业，声音也同样重要。当你不管去哪里都不怯场，都能自信地讲出你的想法时，大家也会看好你的。

相反，如果说话的时候自信不足，那便很难给人们留下好印象。可以放松脸部肌肉，进行发音练习，也可以发出声音来读书。坚定信念，一起来练习如何自信地说话吧！

不要背后说别人坏话！

背后说人坏话是我们绝对不能做的事情。

说出来的话会口口相传，所以当我们在背后议论别人的时候，这些话早晚有一天会传到那个人的耳朵里。

就算传不到对方那里，说人坏话也会让人嫌弃。

如果总是讲别人的坏话，那么你自己的形象也会变得不好。

所以，如果有人让你伤心了，不要和别人说他的坏话，试试直接去和对方沟通。

当你的朋友在说别人坏话的时候，你也不要参与！

不在背后议论任何人，这是我们之间的约定哦。

说出来的话会○○相传。

第十三章
斯大人，该起床了

大树正在注视着泰翰和他的朋友们。

竟然说我是……

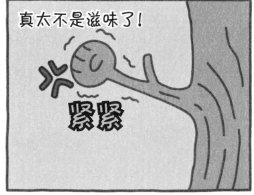

真太不是滋味了！

紧紧

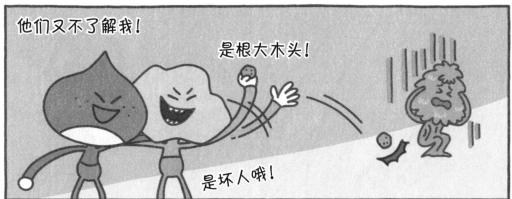

他们又不了解我！

是根大木头！

是坏人哦！

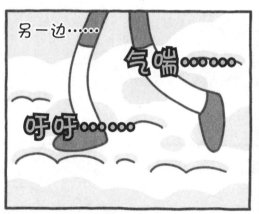

另一边……

气喘……

呼呼……

快到了吧？

是望也望不到头的台阶！

完蛋了……这要怎么爬上去啊？

啊，你们看这个！

翅膀变大了！

太好了，用这个飞过去吧！

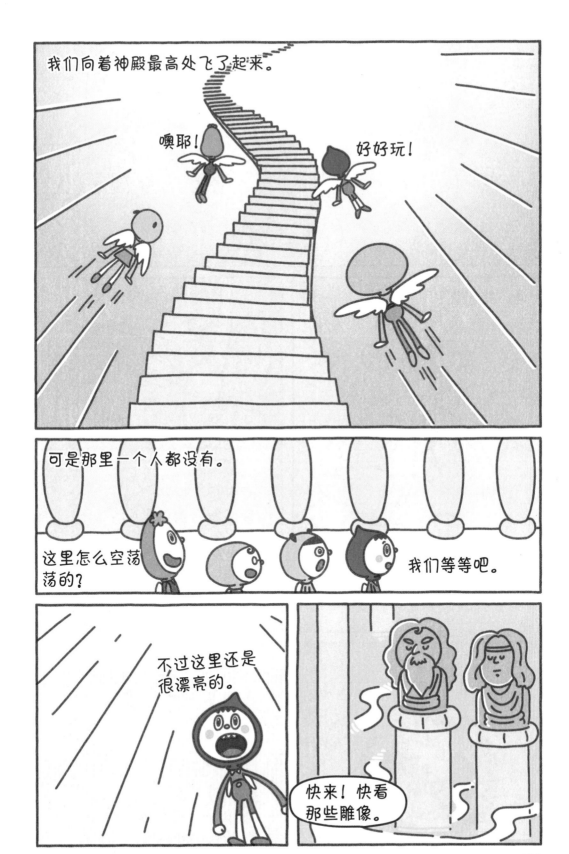

就在这时，有个雕像开始动了起来。

哇，是宙斯！

闪亮登场！

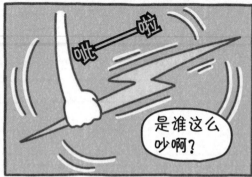
呲——啦——

是谁这么吵啊？

原来是小孩子，你们怎么到这里来了？

宙斯像太阳一样发出了耀眼的光芒。

怎么会这么亮？

都没办法睁开眼睛了！

我闭上眼睛说道：

我们掉进了大海里，兜兜转转了好久来到了这里。

请把我们送回家吧！

可是，宙斯没有任何回应。

这时丽娜站了出来。

父母和朋友们还在等我们呢。

在源也站了出来。

没错，大家都在担心我们呢。

运灿也是。

热气腾腾的饭菜也在等着我们呢！

好饿……

请把我们送回家吧！

怎么回事？怎么不说话了？

宙斯又变回了雕像。

刚刚明明动了啊……

这可怎么办？

安静……

我们开始趴在地上祈祷。

求求您了！

可是过了好久也没有任何动静。

. . .

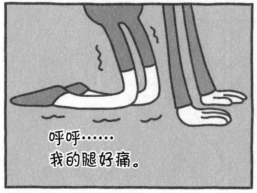

呼呼……
我的腿好痛。

怎么回事？怎么又变成石头了啊？

134

我们开始商量对策。

祈祷没什么用。

那我们该怎么做？

你想想这样趴着祈祷有什么问题吗？

嗯……

什么都看不到！

对，就是这个。

我们不应该趴着看向地面说话，应该看着宙斯的脸才对！

我们看着宙斯的脸说了起来。

宙斯大人，宙斯大人，听听我们的心愿吧！

把我们送回温暖的家吧！

咔嚓

咔嚓

咔嚓嚓

宙斯复活了！

你们是在叫我吗？

宙斯看着我们的眼睛说道：

原来是勇敢的孩子们啊。

大家的眼睛里发出了光！

看你们的表情，我知道你们非常恳切。

送你们回家这件事并不难。

来，坐上来吧。

我们开心地想要坐到宙斯的手心里。

谢谢！

可是就在这时，不知道从哪里传来了熟悉的声音……

宙斯大人！千万不能帮助这些孩子！

眼神交流，开始对话吧！

孩子们，你们在和朋友聊天的时候会看着对方的眼睛吗？

我想这样的人不会太多。

但是，在沟通的时候看着对方的眼睛是一件非常重要的事情。

不看着对方而逃避视线，

是没有自信的表现，

你说的话也会大打折扣。

一开始可能会觉得尴尬或不好意思，

可以先练习一下如何与对方对视。

当看着对方的眼睛说话的时候，

对方会更加认真地听你说话。

当然也不用总是盯着别人哦！

时而温柔地笑，时而睁大眼睛表示认同。学会了吗？

眼睛是心灵的窗户，要记住这句话哦！

四目相对才会心意相通哦！

第十四章
又见面了，会说话的大树

喊住宙斯的正是会说话的大树。

大步

流星

宙斯大人，不能帮助这些孩子。这些孩子其实是坏孩子！

什么？我们是坏孩子？

大树跪在了宙斯面前。

139

容我分辩两句。刚刚在神殿入口见到了这几个孩子，

他们在我面前撒着娇让我给他们让路，

没想到等我让完路，他们达到了自己的目的，就开始说我的坏话！

大树大声控诉着。

说我是根木头，说我长得一看性格就不好！

还说我笑起来不好看！

宙斯听到这些话，勃然大怒。

你们竟然对我善良的手下做出这样无理的事情！

大树，你说该怎么处置这些家伙？

把他们送到可怕的地狱去吧！

那里有沸腾的岩浆，

还有吓人的恶魔！

宙斯要把我们送到地狱去！

啊啊……

可是就在这时……

宙斯大人，等一下！

原来是天使！

稍等一下！

天使拦住了宙斯。

宙斯大人，
您看看这个！

奥林匹斯法
第二条 第二项

在最后判决前，一定要
听罪人的陈述。

什么？哪里来
的小东西？

这些孩子，我
也见过他们。

虽然相处的时间非常短暂，但能够感受到他们善良的心。

真的太感谢了！

天使大人，慢走！

首先，大树先生，是我们说了没礼貌的话，让您伤心了，真的非常抱歉。

您明明给我们让了路……我们真的是太不应该了。

不过我们还是想对两位说些什么。

那就是……

我们当中没有人记得有谁刚刚骂了大树先生。

那你的意思是我在撒谎吗？

没有。大树先生肯定是说了真话的。

144

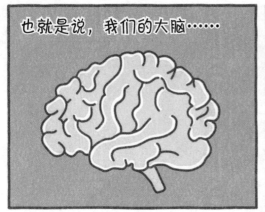

也就是说，我们的大脑……

也正在从人类的大脑渐渐变成鸟的大脑……

这时运灿站了出来。

我甚至会经常忘记自己的名字。

丽娜也应声说道。

我都要忘记自己长什么样子了……

您看，宙斯大人！这就是我们现在的情况。

我们在这里马上就要变成鸟了，还说着我们也不记得的胡话！

宙斯看向大树……

大树，你来说说。

大树看我们看了好久，

这样说道：

其实……听到那些话确实会生气，但我也理解这些孩子的心情。

看他们好像离家很久了……

脏兮兮

脏兮兮

应该还饿着肚子，也没能好好睡上一觉。

我们听到大树的话都哭了。

呜……

抽泣……

小时候，大家就喜欢捉弄我，

所以我知道捉弄人的时候会有什么样的表情。

是会说话的丑树！

没错！

眉毛竖着，嘴巴歪着。

不过刚刚这些孩子的表情，

和鸟一样，都是呆呆的表情。

我想这些孩子应该是真的不记得了。放了他们吧……

试试用**模糊不清**的话开个头吧！

大家应该都学会了能让对方理解得更好的沟通方法。

不过，有些时候不容易理解的、模糊不清的话会比容易理解的话更能抓住对方的心！就像泰翰在前面承认了他们对大树说出了不尊敬的话，但后面他又说道："我们不记得说过这些话也是真的。"

这好像讲不通吧？我们把这种前后不一致的话叫作"矛盾"。

比如"我好伤心，但我并不伤心""无声的呐喊""活着死去"，类似这种表达都属于矛盾！

但是，这种矛盾的表达会让人产生好奇。

如果需要得到别人的关注，可以试一试用模糊不清的表达开个头。

大家都会立马竖起耳朵听你讲话！

沟通的目的**不是误解而是理解**！

还记得泰翰和他的朋友们对大树说的话吗？

大树虽然因为孩子们的语言而内心受了伤，但最后还是表示理解孩子们的情况，并原谅了他们。

还用暖心的话安慰了孩子们。

大家在以后也会遇到许许多多的事情。

有人会让你生气、让你伤心。

沟通的力量真神奇！

不过，当遇到这种情况的时候，虽然以牙还牙可能会是一个方法，但理解对方并原谅对方，也会治愈大家的内心。

就像我们帅气的大树一样！

所以，试试用宽容的心去包容对方的错误，怎么样？

那么对方会更加深刻地认识到自己的错误，

幸福会降临到每一个人身上。

第十五章
管教狂妄的猴子

嗯？这里是哪里？

安静……

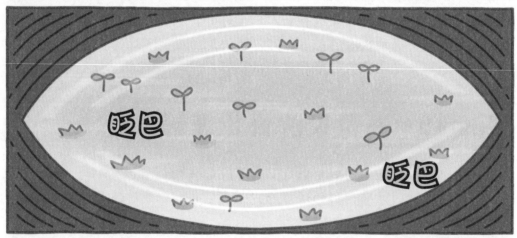

土……土地！

大家开心地互相拥抱起来。

终于回来了!

哇!

不过……

可是……
这是哪里啊?

我们掉到了树林里!

真是的!怎么不把
我们送回家啊!

我们走了好久，寻找走出树林的路。

可是……

我们是不是一直在兜圈子啊？

是啊，这些蘑菇！

还有那些花！

刚刚不是都看到过了吗？

这时，看到了一群猴子。

哇，好多猴子啊。

嗯？

扭头

是猴子！

你们在这里做什么？

啊？我们只是……

嚓

这里是我们猴子的地盘，请你们离开。

155

扔！

可其实它是在乱扔垃圾！

然后拔掉了小花小草，

还把鸟窝扔在了地上。

这也太坏了吧？

啦啦啦……

我们走吧。

嗯，去问问其他猴子吧。

等一下！

丽娜指着小鸟说道：

看这些可怜的小鸟，它们没有家了呀！

喳喳……

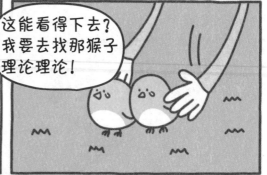

这能看得下去？我要去找那猴子理论理论！

我说你！

丽娜冲着猴子生气地说着。

你扔鸟窝干什么？

看这些小鸟，你一点都不觉得抱歉吗？

什么？我为什么要觉得抱歉？

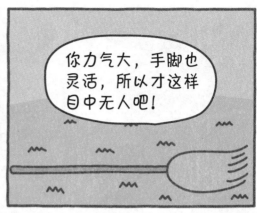

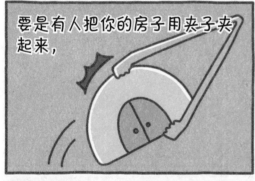

你想想看，某天早上你失去了温暖的被窝，

丢失了和家人珍贵的回忆，

那你会是什么感受？

猴子听完陷入了沉思，

低下了头。

怎……怎么哭了？

呜呜……

你还好吗？

还好。就是突然想妈妈了。

对不起。鸟窝的事情是我不对。

猴子修好了鸟窝，

我来负责把它放回去。

重新放到了树上。

哇！

162

真好啊。

感觉它心情不错，要不要再问一次？

喂，猴子。

你知不知道通往人类小镇的路啊？

猴子听到我们的问题，从树上爬了下来。

嗯，我带你们过去。

猴子走在最前面，带我们开始前行。

小心脚下。

嗯！

然后走到了一条小路边。

沿着这条路一直走下去就可以了。

真是太感谢了！

拜拜！

可是，猴子突然拦住了我们。

等一下！

你们……可不可以不回家，和我一起生活呢？

你在说什么？肯定不行啊。

我们是人类，你是猴子啊！

拜托！和我一起生活吧！

不行，那肯定是不可以的。

听到我们坚决的回答，猴子的脸一红，

开始哭了起来。

可是……我需要妈妈。

当我的妈妈吧！

啊啊啊！

这可怎么办？

这时，在源思考了片刻……

我们快走吧。

团了块泥巴，

咻

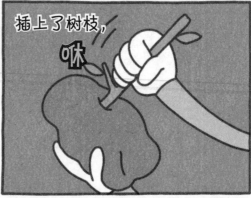

插上了树枝，

咻

放上了石头，

咻

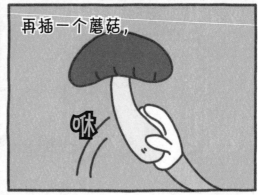

再插一个蘑菇，

咻

做了个玩偶！

167

快乐沟通秘籍

要学会换位思考！

朋友们，听说过"换位思考"吗？
换位思考的意思是"站在别人的立场上思考问题"。
当难以理解别人的时候，试试站在别人的立场上思考问题，
就会发现容易理解了。
举个例子，当有人匆忙跑下台阶的时候撞到了你，
肩膀也疼，心情也会变得不好吧？不过，这个时候可以换位思考。
"他这样一路跑下来，可能有非常着急的事情吧？"
"那个人那么着急，还撞到了人，应该也会非常慌乱吧？"
这样换个立场思考问题，我们会拥有一颗宽容的心。
在平时，你们也试试"换位思考"吧。
这样一来，会更能理解对方的痛苦，也能实现更为真诚的沟通。

拒绝后要提出替代方案！

拒绝朋友或家人的请求，会非常为难吧？当有人向我提出请求时，
拒绝会令我感到抱歉，也会觉得尴尬。
不过，有一个好方法可以用在拒绝别人的时候，那就是提出替代
方案。
所以，我们不要无条件地说"不行"，冷冰冰地拒绝别人，
"不行。但这样行不行？"像这样提出另一个选项。
这样的回答应该可以让你和你的朋友都感到满意。
朋友获得了新的选项，你也不会有太多的心理负担！
怎么样？以后需要拒绝别人的请求时，试试这个方法吧。
你可以获得你想的，同时也可以给对方他想要的东西。
这才是可以让大家都变得幸福的高手之间
的沟通方法！

被人拒绝真
的很伤心！

第十六章
和性格怪异的鼹鼠和好

哇！这里好神奇。

是啊，这里有各种各样的昆虫呢！

我们欣赏着风景，开心地走着。

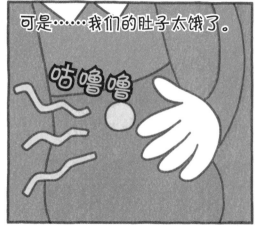

可是……我们的肚子太饿了。

咕噜噜

嗯？这是从哪里飘来的香味？

好像是这边！

我们跟着味道找了过去，

那里有……

鼹鼠的村庄！

啊！

好大的鼹鼠啊……

我们去找它们要一点食物吧。

我们走近那些鼹鼠······

你好，抱歉打扰你们吃饭了。

我们实在是太饿了，

可不可以给我们一点吃的呢？

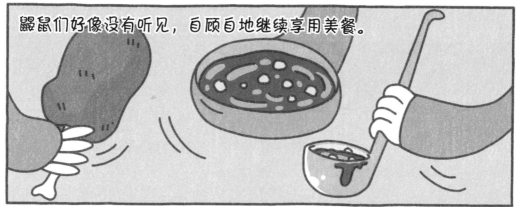

鼹鼠们好像没有听见，自顾自地继续享用美餐。

运灿也说了一遍，

你好，我们真的很饿很饿。

丽娜也说了，我们好几天都没有吃什么东西了！

我们都说过了！

我们就快饿晕过去了！

吧唧吧唧

这个方法行不通啊……

它们好像还是不知道我们现在有多饿。

那么我们来好好表达一下我们到底有多饿吧！

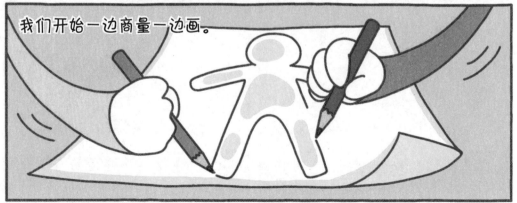

我们开始一边商量一边画。

很好!

各位，来看一下这张图。

刷啦啦

我们又去找鼴鼠了。

我们的肚子里有90%的空间是空着的。

我们饿得连肋骨都能看得到了呢!

173

我们在努力地讲述我们到底有多饿。

我之前不小心把便当弄丢了，因此没能吃上午饭，我现在比那时候还要饿100倍，不，是200倍！

我现在饿得都想吃土了！

听到我们的话，鼹鼠慢慢地把头转了过来，

把食物递给我们。

谢谢！

我们开始狼吞虎咽地吃起来。

感觉活过来了！

好好吃啊！

就在我们把肚子吃得圆滚滚，

要继续赶路的时候……

谢谢款待！

等一下！

嗯？
怎么了？

请付钱。

钱……钱？
我们没有钱啊！

你们吃了我
们的食物。

生气的鼹鼠们开始把我们团团围住。

拿钱来！

钱！

委屈的我们也开始吵嚷起来。

我以为这是免费给我们的。

那你们要提前说啊！

结果变成了激烈的争吵。

这家伙！

人类怎么会这么不讲道理？

鼹鼠把我们赶了出来。

你们走吧！

不过哪能就这样走了……

我们要是就这样走掉，他们应该会变得讨厌人类了吧？

不管怎样，让我们试着沟通一下吧。

那个……鼹鼠大人们。

你们给我们食物的时候什么话都没说啊，你们现在出尔反尔……都怪你们，把事情搞成这个样子了！

还怨我们咯？

鼹鼠们生气了。

现在是在怪我们吗？

没……没有，我是想跟你们和解来着……

你要跟人家和解，怎么还一直在怪人家啊？

177

这时，运灿上前说道：

这件事情不怪大家。

是因为我们太饿了才着急的，对不起了。

不过，你们不管三七二十一就冲我们发火，我们也很慌乱，可我们已经累得不行了。

不管怎样，我们还是想和大家和睦相处的……

不过，还是想说一声感谢，谢谢你们愿意把食物分享给我们。

我们也很抱歉……

嗯oooooo

原来你们是这样想的……

我们不知道你们的想法是这样的。早知道的话就多分给你们一些食物了……

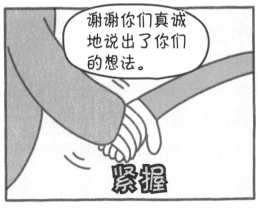

谢谢你们真诚地说出了你们的想法。

紧握

鼹鼠们拥抱了我们……

我们也想说对不起。

然后告诉了我们通往人类小镇的路。

沿着这条小路往前走，就能快一点回家了。

谢谢你们。

我们不会忘记你们的。

快乐沟通秘籍

说话要说细节！

各位，听过"小白船"这首歌吗？

这是我最喜欢的歌，歌词是这样的。

"蓝蓝的天空银河里，有只小白船，船上有棵桂花树，白兔在游玩"。

这里说的"小白船"是指长得像白船的半个月亮。

歌词中皎洁的月亮上有树，有兔子，真的很美好，对不对？

如果只说"皎洁的半个月亮"，那么就不会让人如此感动。

这首歌描写得详细又生动，因此深入人心。

大家在沟通的时候，也可以用一些生动的表达哦。

就像泰翰和朋友们用数字表达饥饿一样，就像用船比喻月亮一样！

把要说的内容换成具体又有趣的表达，
对方会听得更加认真。

不说"你"，要多说"我"！

在与人吵完架想要和解的时候，或是表达不满的时候，
一定要记住这一沟通方法。

那就是用以"我"开头说话的方法。

"你让我这样做的""都怪你""要不是你……"不要像这样怪别人，而是用"那时我心情很糟糕""我想要的是……""我的想法是……"这样的话语。

以此来表达自己的想法和内心，
对方会更加理解你的立场，
会更容易找出双方的问题！

在沟通中表达自己也很重要！

第十七章
让我们上公交车吧

沿着小路往前走，

设过多久就看到了我们的小镇。

哇！终于……

我看到我的家了！

我们再走一会儿，就能见到妈妈和爸爸了，对吧？

要哭了！

我们兴奋地跑了起来。

等等我！

好耶！

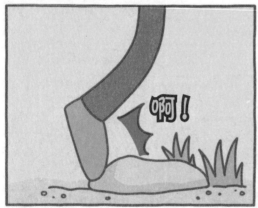

啊！

要……摔倒了！

啊啊啊……

哎哟

咚

啊，我的头……

齐运灿！你怎么这么不小心？

嘿嘿……

你们看这里！

这里有公交车站！

公交车站

怎么了？

大家互相拥抱，开心极了。

真好！

太棒了！坐上车就能去小镇了！

可是我们等了10分钟，

等了30分钟，

等了1小时……公交车也没有来。

要等到什么时候？

不知道……

这样下去可不行，我们走回去吧。

干嘛？再等一会儿吧。

再等下去天都要黑了！

可我们已经等了这么长时间了！

丽娜和运灿开始吵了起来。

那你想在这里饿死吗？

你在胡说什么！

怎么又开始了……

欸，那是什么？

慢慢
腾腾……

原来是蜗牛啊。

它爬得好认真啊……

怎么了？

它，它，它开口说话了！

啊啊！

这个森林里的动物都会说话，有什么大惊小怪的。

想想也是……

哈哈

您要去哪里啊？需要的话我们可以帮您。

没关系的，反正一直都是我自己行动。

蜗牛头也不回地爬走了。

那，那个，那您可以帮我们一下吗？

我们一起鞠了个躬。

拜托了。

帮帮我们吧……

蜗牛看了看我们，

这样说道：

好吧……

是让人头疼的家伙们呢！

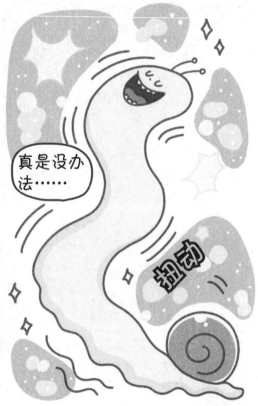

真是没办法……

扭动

虽然我也要赶很久的路，但还是帮帮你们吧。

蜗牛变得越来越大，

扭动

趁现在还不晚，赶快坐上来吧！等太阳下山了，说不定森林的出口就会关闭了！

变成了一辆公交车！

怎么会这样！

我们急忙坐上了蜗牛公交车。

好，谢谢您！

没想到会有穿越森林的公交车！

好酷啊……

好漂亮！

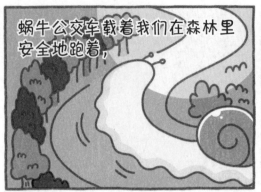

蜗牛公交车载着我们在森林里
安全地跑着，

最后停在了一个地方。

刹车

这里就是最后
一道门了吧？

你们可以顺利
穿过去吧？

祝你们好运！

蜗牛公交车闪烁着车灯离开了。

谢谢您！
再见啦！

我们下车的这个地方……

欸？

大家快看！

这不就是我们一路在做的事情吗？

这段时间，我们真的遇到了好多朋友。

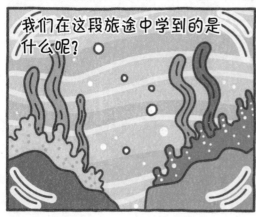

我们在这段旅途中学到的是什么呢？

那就是……

192

沟通是能够打开心门的钥匙！

没错！

虽然如果没掉进海里，就不会一路上这么辛苦，

但是应该也不会明白沟通是件这么重要的事情。

为了表达我们的内心，

为了与对方更加亲近，

为了治愈对方的伤痛，

为了能相亲相爱，和谐共处……

我们一定要好好沟通！

这时，不知从哪里洒下一束耀眼的光芒。

是钥匙孔！

啊，想起来了！

小幽灵给我们的钥匙，难道……

我们拿出钥匙，把钥匙插进了孔里。

接着……

嘎啦啦

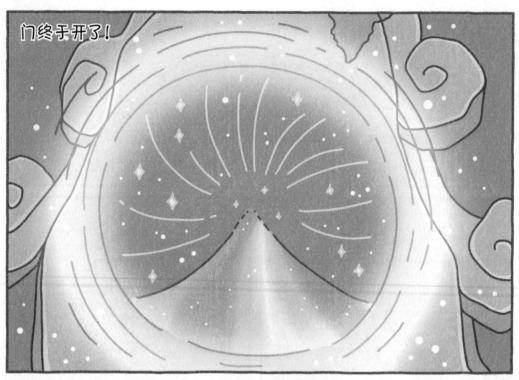

门终于开了！

这是回家的门。

通过这扇门，应该就能回到各自的家了吧？

我们一起手牵着手，走进了那扇门。

真诚是全宇宙通用的沟通法！

大家听说泰翰和朋友们的故事了吧？

他们差点就错过了回家的公交车，被困在森林里。

好在他们向我真诚地表达了他们的请求，才能安全抵达目的地。

不过，真诚地表达……

好像比想象中的要难一些，对吧？

从字面上来看，真诚就是真实又诚实。

就像把自己喜欢的照片拿给别人看一样，

意思是说把自己内心深处的真心展现给别人。

在漫长的旅途中，大家也学习了许多沟通方法。

不过，要是记不住这么多方法的话，

"用沟通分享真心"这个方法，可千万不要忘记哦！

不说假话，不伤害对方的内心，

要向对方展示自己最纯洁、最完整的内心！

只靠这一点，也可以让这个世界上人与人之间的沟通变得美好哦。

看到你们真诚的请求，就很想帮助你们呢！

第十八章
我们回家了

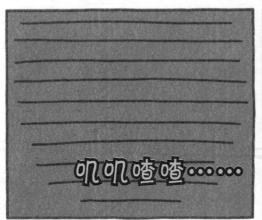

叽叽喳喳……

喳喳……

啊……好刺眼。

等一下，这是哪里？

坐起

东张

西望

回……回家了？

我哭着跑了出去。

啊啊啊……
妈妈！

妈妈！
爸爸！

发生什么事情了？

怎么了？是不
是做噩梦了？

我好想你
们啊！

我还以为回不
来了，真的！

199

我的鼻涕眼泪一起流着，

妈妈和爸爸抱住了我。

好了，泰翰，别再哭了，该去学校了！

什么？学校？不是放假了吗？

在说什么胡话。你们今天开学啊！

什么？

妈妈，还记得我们前几天去海边玩的事情吗？假期还剩1个月呢！

海边？什么海边？

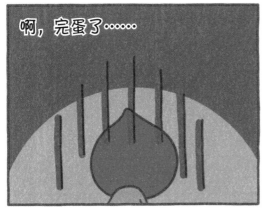

啊，完蛋了……

原来假期已经结束了。

9月

不过，能平安回家已经很知足了。

那我要吃饱点儿再去上学！

我去上学了，

那里……

推开

有丽娜、运灿和在源！

大家都还好吧？

这可太棒了！

我们像往常一样上课，

一起玩耍，

一起做着看似无聊的事情。

不过，要说有什么变化的话……

喂，跟我上天台。

天……天台？

别废话，跟上就行了！带上你的钱！

等一下！

沟通是打开心门的钥匙！

大家好！

是我，你们的好朋友，陈泰翰。

和我一起经历的这段旅途怎么样？

虽然这一路上状况百出，不过相信大家都学到了不少东西。

大家都还记得吧？

和人问好的方法，和对方亲近的方法，夸奖对方的方法，提建议的方法，安慰对方的方法，向对方道歉以及原谅对方的方法，自信地说服对方的方法，说话更有条理的方法，

以及表达真心的方法。

现在，你们已经知道了关于沟通的许多知识。

合上这本书后，不用说你也知道接下来该做什么了吧？

去吧，去到你最爱的人身边！

或者去到还没来得及好好坦露心声的人的身边！

去紧紧握住对方的手，看着对方的眼睛，不要害怕尴尬，

去表白你最真实的内心吧。

不要忘了，心门只有一把钥匙，那就是沟通。

所以，我们不论何时何地，都不要忘了好好沟通！

说话对我来说不再是一件困难的事情了！

我的沟通心得